如果你有动物的尾巴

如果你有动物的尾巴

U0258278

[美] 桑德拉·马克尔 著
[英] 霍华德·麦克威廉 绘
梁宝丹 译

中信出版集团 | 北京

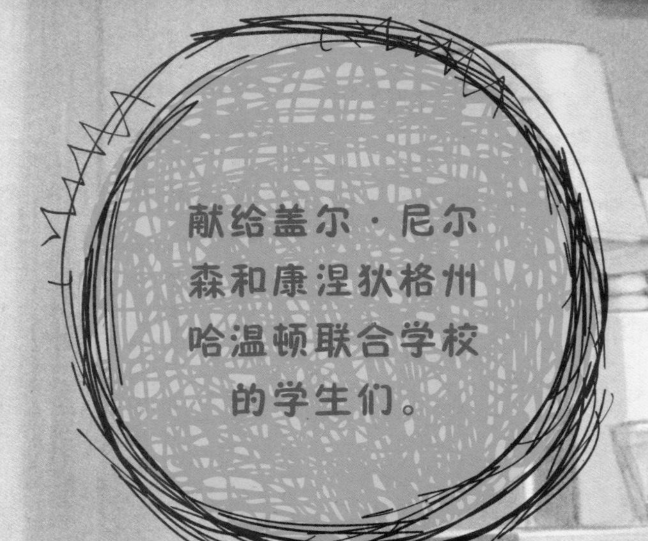

图书在版编目（CIP）数据

如果你有动物的尾巴 / (美) 桑德拉·马克尔著；(英) 霍华德·麦克威廉绘；梁宝丹译. -- 北京：中信出版社，2020.9（2023.3重印）
（如果你有动物的尾巴）
书名原文：What If You Had An Animal Tail!?
ISBN 978-7-5217-2119-5

Ⅰ.①如… Ⅱ.①桑… ②霍… ③梁… Ⅲ.①动物－儿童读物 Ⅳ.①Q95-49

中国版本图书馆CIP数据核字(2020)第151200号

如果你有动物的尾巴
（如果你有动物的尾巴）

著　者：[美] 桑德拉·马克尔
绘　者：[英] 霍华德·麦克威廉
译　者：梁宝丹
出版发行：中信出版集团股份有限公司
（北京市朝阳区东三环北路27号嘉铭中心　邮编　100020）
承 印 者：北京联兴盛业印刷股份有限公司

开　本：880mm×1230mm　1/16　印　张：6　字　数：150千字
版　次：2020年9月第1版　印　次：2023年3月第12次印刷
京权图字：01-2020-4688
书　号：ISBN 978-7-5217-2119-5
定　价：45.00元（全3册）

出　品：中信儿童书店
图书策划：红披风
策划编辑：段迎春　责任编辑：刘　杨
营销编辑：马　英　谢　沐　王　沛　刘天怡　金慧霖　陆　琮　徐昇声
装帧设计：李晓红

服务热线：400-600-8099
投稿邮箱：author@citicpub.com

想象一下，如果有一天，你起床后，发现自己在一夜之间，长出了动物的尾巴，那你的生活会有什么不同呢？

孔雀

雄孔雀的尾屏有1.8米长，展开时竖在身后，就像一扇屏风。这些尾上覆羽上面，长着像眼睛一样的斑纹，斑纹颜色鲜艳，混杂着蓝色、绿色、金色。孔雀的羽毛会在每年的求偶季节快速生长。雄孔雀用自己美丽的羽毛来吸引雌孔雀。它们的尾屏越大，斑纹越好看，就越有机会得到雌孔雀的青睐。

小秘密

每只雄孔雀的尾上覆羽上面，那些像眼睛一样的斑纹长得都不一样，就连斑纹的光芒也稍有差异。

如果
你有雄孔雀的尾屏，
那就会有许多粉丝
围着你转啦。

南非地松鼠

南非地松鼠的尾巴不仅长长的，还毛茸茸的，像一把天然的伞。南非地松鼠会用尾巴遮挡阳光，因为它们生活的地方比较干旱，很少有树木或灌木丛。白天，它们会出来找种子和其他小型植物吃。在夏季，气温甚至可以达到45℃！所以松鼠们会背对着太阳，将大大的尾巴挡在头顶，这样就可以遮挡阳光啦。

小秘密

如果南非地松鼠遇到了眼镜蛇，它就会挥舞尾巴把对方赶走。

如果你有南非
地松鼠的尾巴，那
你去海滩时，就不
需要带遮阳伞啦！

蝎 子

蝎子的尾巴和身体有一层坚硬的外壳，也就是外骨骼。蝎子在捕猎时，会用螯捉住猎物，或者用尾巴上的毒针迅速刺中猎物，并释放毒液。中毒的猎物跑不了太远。当蝎子遇到蛇或者鸟这种体型较大的捕食者时，它会用毒针刺向捕食者来保护自己，然后迅速溜走。

小秘密

蝎子宝宝会一直趴在妈妈的背上，直到长出坚硬的外壳。它们可以自己产生毒液。

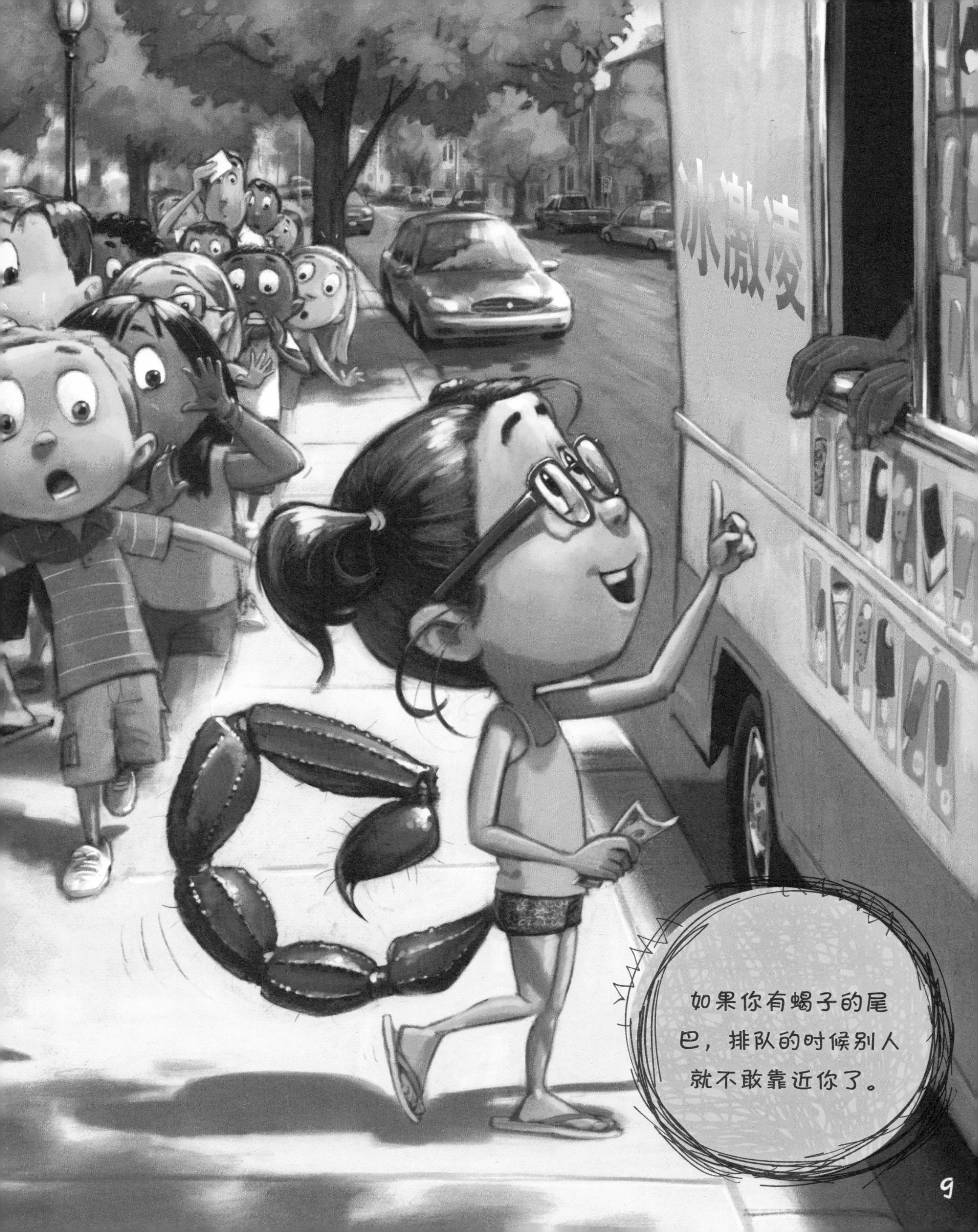
冰激凌
如果你有蝎子的尾巴，排队的时候别人就不敢靠近你了。

长尾鲨

长尾鲨的尾鳍不仅可以帮助它游泳，还帮它变成了超级猎手。长尾鲨尾鳍的上半部分特别长，成年长尾鲨的尾鳍长度甚至能达到 6 米。在捕猎的时候，长尾鲨会靠近一群小鱼，把长长的尾鳍甩过头顶，一个猛击，鱼群就变成了它的盘中餐。

小秘密

长尾鲨摆动尾鳍仅需要 1/3 秒，和人类眨一次眼一样快。

如果你有长尾
鲨的尾鳍，那在打
棒球的时候，你就
是个全垒打能手。

长颈鹿

长颈鹿可是个纪录保持者，算上鬃毛，它的尾巴有两米多长！长颈鹿是陆地上尾巴最长的哺乳动物。它的尾巴末端有长长的鬃毛，上半部分靠肌肉和独立的尾骨支撑。长颈鹿的尾骨有很多关节，因此，它的尾巴可以随意弯曲。这样长颈鹿只要挥挥尾巴的长鬃毛，就可以赶走叮咬它的小虫子了。

小秘密

长颈鹿身上各处的花纹都不一样，尾巴上也是如此。

如果你有长颈
鹿的尾巴，那你画
画的时候就不需要
画笔了。

响尾蛇

响尾蛇尾巴的末端有内置的警报系统。当响尾蛇摆动尾巴并发出声响的时候，你要明白，它的意思是“离我远点儿”，或者是引诱猎物前来！

响尾蛇在成长过程中会经历一次又一次蜕皮。每次蜕皮之后，它的尾部都会残留新的角质环。因此，响尾蛇年纪越大，尾部发出的声音就越长、越响亮。幼年响尾蛇的尾部只有一圈角质环。

小秘密

响尾蛇摆动尾巴发出声响时，它的尾巴一秒钟要摆动 60 次。

如果你有响尾蛇的尾巴，那在乐队表演时，你就是闪亮之星。

河狸

河狸的尾巴像一个又宽又扁的桨，上面覆盖着角质鳞片，成年河狸的尾巴有 30 厘米长，长度约为身体的三分之一。河狸的尾巴在水中是完美的舵，可以在河狸用后足游泳时控制方向。当捕食者靠近的时候，河狸就会用尾巴狠狠拍打水面，以此警告家人有危险。有时它也能通过这种方式吓跑捕食者。

小秘密

河狸在陆地上吃东西或者啃咬树木时，会用它强壮而坚硬的尾巴支撑身体。

如果你有河狸
的尾巴，你就可以
在泳池里拍打出最大
的浪花。

壁虎

壁虎通常能很好地躲避鸟类或者蛇这样的天敌。但是当壁虎被捕食者抓到尾巴时，它们会使出自己惯用的妙招——断尾而逃！因为壁虎尾巴的末端有很多神经，所以断掉的尾巴还会摆动，能分散捕食者的注意力，壁虎就可以趁机逃走了。

小秘密

只需要不到一个月的时间，壁虎就能长出新的尾巴。如果遇到新的危险，它们还会再一次断尾求生。

84
30
如果你有一条
壁虎的尾巴，那玩
橄榄球的时候，没人
能拦得住你。

蜘蛛猴

蜘蛛猴的长尾巴可以用来抓取东西，还可以支撑身体。当它们在树林中荡来荡去的时候，长尾巴可以确保它们安全地跳跃。这是因为蜘蛛猴尾巴上的肌肉非常发达，它们仅靠尾巴就能挂在树枝上。外出采果子的时候，蜘蛛猴有时需要攀爬到树枝上，如果没有地方坐着休息，长尾巴就可以成为一条完美的安全带。

小秘密

蜘蛛猴宝宝骑在妈妈背上的时候，它的尾巴就像安全带一样缠绕在妈妈身上。

如果有了蜘蛛
猴的尾巴，你就可
以成为空中飞人。

鳄 鱼

鳄鱼的尾巴占身体长度的一半，且肌肉发达。它们会左右摆动强有力的尾巴，推动自己在水中前进。鳄鱼能以每小时 30 千米的速度游泳！这意味着它们可以捕捉游得很快的鱼来当晚餐，或者把比它们体型更庞大的动物吓一跳，比如一头幼年河马！

小秘密

鳄鱼可以借尾巴的力量从水里突然跳出来，抓走树枝上的鸟或者猴子。

如果有了鳄鱼
的尾巴，你就可以
冲击奥运会游泳项目
的金牌啦。

红袋鼠

红袋鼠的尾巴就像它的第五条腿。它在准备跳跃的时候，会前倾身体，让前脚接触地面，然后借助尾巴的力量，把后腿跃到前腿前面。当袋鼠向前弹跳的时候，它的大尾巴会帮助保持身体平衡。通过这种方式，袋鼠弹跳的速度可以达到每小时 60 多千米！

小秘密

雄性红袋鼠在争夺配偶的时候，会踮起脚尖，用尾巴保持平衡，使自己看起来更高大。

如果你有红袋
鼠的尾巴，你就可
以在舞池中央摆各种
造型啦。

虽然动物的尾巴看上去很有趣，但毕竟你不需要用尾巴驱赶苍蝇或者吓跑捕食者。即使没有尾巴，你也可以自在地出门；你也不需要靠尾

巴游得很快以追赶猎物。即使没有像扇子一样的尾屏可炫耀，你还是最棒的自己。但是，如果你可以拥有一天动物的尾巴，哪种尾巴更适合你呢？

幸运的是，你不必选择。你不需要尾巴，因为你已经有了适合自

己身体的尾骨。不管你是坐下还是站立，骑自行车还是盘腿而坐，尾骨都在悄悄发力。

你的尾骨有什么特别之处呢？

尾骨，指的是你脊椎尾部的几块骨头。这几块骨头，加上附在上面的肌肉、肌腱和韧带，为你的身体形成了一个支撑系统。韧带是富有坚韧性的纤维带，将一块块骨头连接在一起。肌腱是种可以将肌肉和骨头连在一起的组织。

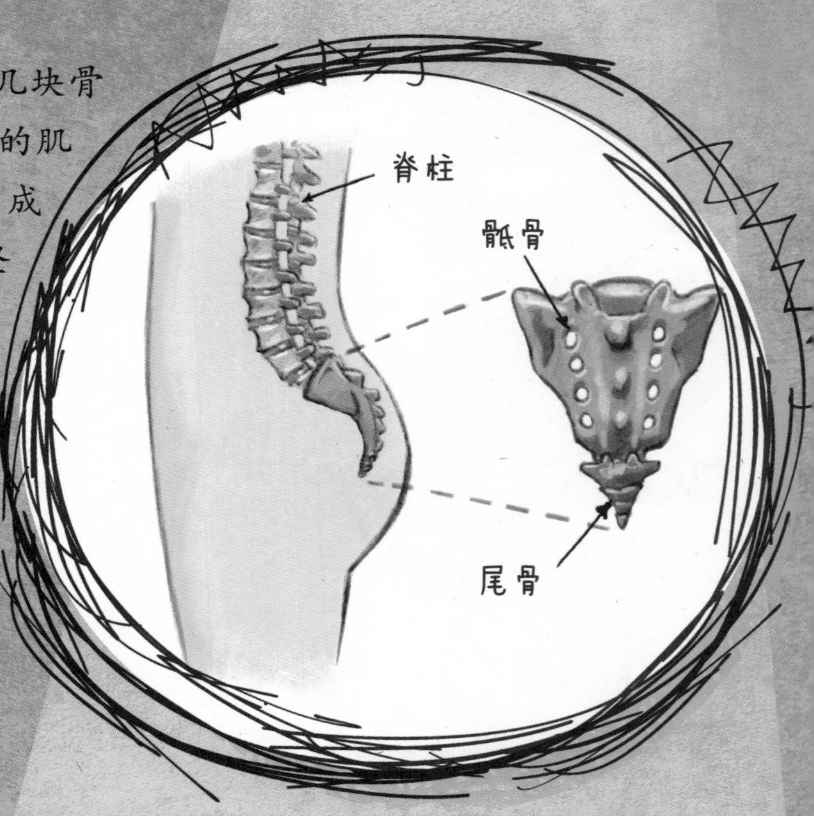

尾骨同脊柱下部和髋骨（骨盆）一起来支撑背部。它们支撑着你的身体重量，即便没有物体倚靠，你也可以坐直。

保护尾骨，你应该这样做

像你身体里的任何一根骨头一样，你的尾骨也可能发生骨折。如果你向后重重地摔倒在地，可能就会伤到尾骨。运动不当也会导致尾骨受伤，比如划船或者骑自行车这类坐姿运动。尾骨一旦受伤，不管站立还是坐着，都会感到疼痛。

保护尾骨的小建议

- 不要用单独一边臀部侧坐。
- 保持坐姿挺拔端正，并向后收紧肩膀。
- 在冰面或者湿地板等光滑地面行走的时候容易摔倒，所以要格外小心。
- 不要久坐，每隔 20 分钟起身活动一下。

如果你有
动物的眼睛
SCHOLASTIC
如果你有
恐龙的身体
SCHOLASTIC
如果你有
动物的牙齿
SCHOLASTIC
如果你有
动物的脚
SCHOLASTIC
如果你有
动物的耳朵
SCHOLASTIC
如果你有
动物的鼻子
SCHOLASTIC
如果你有
动物的头发
SCHOLASTIC